太陽系外惑星

恒星
自ら光や熱を出すガスの球で、表面温度によって赤色や黄色、青白色などかがやく色が異なる。太陽も恒星のひとつ。

銀河団や銀河群

星雲

ブラックホール

系外銀河
銀河系の外にある銀河のこと。さまざまな形がある。銀河系からもっとも近い銀河はアンドロメダ銀河。

超新星爆発や中性子星

銀河系外
私たちの住む銀河系の外には、無数の銀河が存在しています。

宇宙開発プロジェクト大図鑑

監修：馬場　彩

③ 銀河系とその先へ

ポプラ社

もくじ

はじめに 3

宇宙をさぐる望遠鏡

天体観測のはじまり 4
すばる望遠鏡 6
ジェイムズ・ウェッブ宇宙望遠鏡 8
さまざまな望遠鏡で宇宙を見る 10

知ってる?
電磁波ってなんだろう? 12
地中からの宇宙観測 14

恒星へ

光りかがやく恒星 16
星が生まれる場所 18
星の成長 20
星の最期 22
死んだ星のゆくえ 24
宇宙偉人伝① 25

銀河系へ

銀河とは? 26
銀河系の美しい天体 28
銀河系のブラックホール 30
銀河系のなぞにせまる 32
宇宙偉人伝② 33

銀河の外へ

広がる宇宙観 34
銀河がひしめく宇宙 36
宇宙の果て 38
未来の望遠鏡 40
宇宙偉人伝③ 41

おしえて! インタビュー
千葉大学ハドロン宇宙国際研究センター
石原安野さん 42

さくいん 46

この本に出てくる国旗やマークについて

この本では、望遠鏡や人工衛星の開発国・団体の、国旗やマークを表示しています。登場する国旗とマークは右の通りです。

🇯🇵 日本
🇺🇸 アメリカ
🇨🇦 カナダ
ESA ヨーロッパ宇宙機関(ESA)

©ESO/M. Claro

はじめに

　初めて空を見上げたその日から、私たち人類は太陽や月、星に魅入られ、知りたいと思い続けてきました。星とは何なんだろう、どうやって光っているんだろう、その先には何があるんだろう、世界はどこからやってきてどこにいくのだろう……。このように天体や宇宙について考える「天文学」は、人類最古の学問のひとつです。人類は天体や宇宙をもっともっと見たいと思い、望遠鏡を発明しました。望遠鏡で見えた新しい景色はさぞ美しく、想像力をかきたてられたことでしょう。人類が想像していたのとはまったくちがう真実を知ったり、時には新たななぞが出てきたりもしたでしょう。

　新しい望遠鏡によって広がった世界観に満足せず、人類はもっと広い世界を見ようと挑戦を続けました。しかし、その歴史には、決して成功ばかりではなく、成功よりはるかに多く、数え切れないくらいの失敗や後もどりもありました。それでも人類はあきらめず、失敗を乗りこえてここまでやってきました。この本は望遠鏡と最新の宇宙像の本であると同時に、人類の宇宙への挑戦の歴史の本でもあります。私自身も、どんなに小さな発見でもよいから人類の宇宙観に新しい知見を積み上げたいと日々がんばっています。

　この本を読んでくださっているみなさんも、まだだれも知らない新しい世界を見てみたいと思いませんか？　ちょっと苦労することもあるけれど、それはとてもワクワクしてすてきな体験です。みなさんに少しでも、このワクワク感が伝わって、みなさん自身の冒険を後おしできるといいなと思っています。

馬場 彩

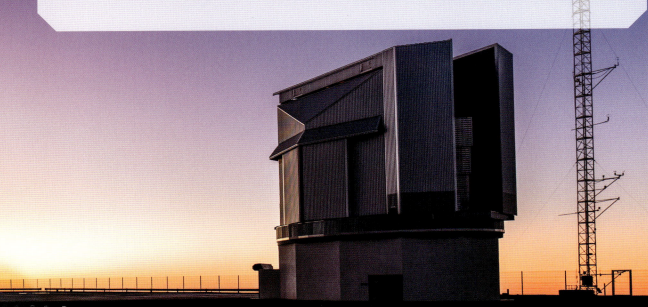

宇宙をさぐる望遠鏡

17世紀に望遠鏡が天体観測に使われるようになって以来、望遠鏡や周辺技術、観測手法などの進歩にともなって天文学は大いに進展してきました。

©NOIRLab/NSF/AURA/P. Marenfeld

天体観測のはじまり

ガリレオ・ガリレイの宇宙観測

　1609年、イタリアのガリレオ・ガリレイは発明されたばかりの望遠鏡を自作し、宇宙を観測し始めました。ガリレイは望遠鏡を使い、月の表面に凹凸があることや、天の川が多くの星が集まったものであること、また木星の衛星などを発見しました。ガリレイの望遠鏡は、凸レンズと凹レンズを組み合わせたものでしたが、その後、凸レンズ2枚を組み合わせた屈折式望遠鏡がつくられました。さらには凹面鏡を使った反射式望遠鏡も発明されました。

ガリレオ・ガリレイ

イタリアの天文学・物理学者。「天文学の父」とよばれている。

ガリレイ自作の望遠鏡（上）。左はガリレイが描いた月面のスケッチ。
©アフロ

反射式望遠鏡の登場

17世紀には凹面鏡を使った反射式望遠鏡が発明されました。対物レンズを使わない反射式望遠鏡は、屈折式望遠鏡で生じる像のにじみがなく、口径*を大きくしやすい利点がありました。口径を大きくしやすくなったことに加え、鏡をつくる技術が発達したことで、大型望遠鏡をつくることが可能になりました。現代の大型可視光望遠鏡（可視光線については13ページ）は、反射式がほとんどです。

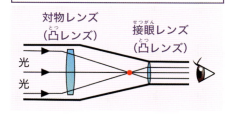

屈折式望遠鏡のしくみ（ケプラー式）
対物レンズに光を集めて、見たいものを拡大して見る。

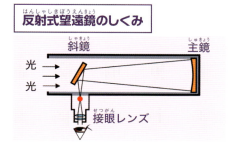

反射式望遠鏡のしくみ
主鏡に光を集めて斜鏡で光を横向きに反射させ、接眼レンズで拡大して見る。

写真での観測記録の時代

19世紀前半になると写真が発明され、天体観測にも使われるようになりました。写真の登場により、それまでの手描きのスケッチとくらべると、格段に客観的で正確な記録を残せるようになりました。19世紀なかばには、天体からの光を波長（ひとつの波の長さ）ごとに分けて分析（分光分析）することで、天体にふくまれる元素を調べたり、天体の動きを知ることができるようになりました。

フラウン・ホーファー
天体分光学の創始者。分光器をつくり、太陽などの天体を観測した。

©ESA
1845年に撮影された、世界最古の太陽の写真。

望遠鏡の移り変わり

20世紀になると口径100cmをこえる大型の反射式望遠鏡がつくられるようになりました。1908年には約150cm、1917年には約250cmの望遠鏡が完成。1948年には約500cmの望遠鏡が建設されました。また20世紀には電波や赤外線、X線など、可視光以外での観測もおこなわれるようになりました。大気の影響を受けずに観測できる宇宙望遠鏡も打ち上げられるなど、20世紀に天文学は大いに進展しました。

カール・ジャンスキー
電波天文学の創始者。1931年、宇宙から来る電波をぐうぜん発見した。
©Science Photo Library/アフロ

リカルド・ジャッコーニ
X線天文学の創始者のひとり。1962年、ロケット観測で太陽以外のX線源となる天体を初めて発見。

*口径……対物レンズや主鏡の直径のこと。口径が大きいほど、集められる光の量が多くなり、暗い天体も観測しやすくなる。

すばる望遠鏡

すばる望遠鏡 🇯🇵

日本の国立天文台が運用する巨大望遠鏡。ハワイ島のマウナケア山頂付近に建設された。口径8.2mの主鏡により、可視光線と赤外線で観測をおこなう。同じくらいの口径の主鏡をもつ他の望遠鏡にくらべ、広い視野での観測が可能。

©Mr. Pablo McLoud - Subaru Telescope, NAOJ.

日本一の地上望遠鏡

すばる望遠鏡は1991年に計画が正式に発足し、建設がスタートしました。1999年にファーストライト*をむかえ、2000年から本格的な観測を開始。標高約4200mのマウナケア山頂付近は、雲の上にあることが多く、1年のうち300日ほどが晴天になります。望遠鏡を収める円筒形のドームは、天体の像の乱れにもつながる、空気の流れをおさえることを考えて設計されました。大気のゆらぎを補正するシステムも導入されています。

夕日の光を浴びるすばる望遠鏡。望遠鏡は、ドームに隣接する制御棟内の観測室からコントロールされる。

*ファーストライト……完成した望遠鏡などが、予定している性能にしあがっているかを確認する、最初の観測のこと。

もっと広く見わたすために

完成から25年がたった現在でも、すばる望遠鏡は太陽系から宇宙の果てまで、さまざまな天体を観測しています。すばる望遠鏡は、主焦点に観測装置を設置することで、広い視野を観測できる特長をもっています。その特長をいかして広範囲を効率よく観測し、銀河の進化や宇宙の構造にせまる研究もおこなっています。

すばる望遠鏡がとらえた渦巻銀河 NGC 3338。地球から約7600万光年の距離にあり、銀河系と同じくらいの質量をもつと考えられている。

望遠鏡のつくり

副鏡

主焦点
満月9個分の広さを一度に撮影できる、視野の広いカメラなどが設置されている。

ナスミス焦点（赤外線）
近赤外線分光撮影装置など、赤外線による観測装置が設置されている。

第3鏡

カセグレン焦点
観測目的に合わせたさまざまな装置が設置されている。

主鏡
口径 8.2m と、世界最大級。

ナスミス焦点（可視光線）
可視光線で10万分の1の波長差を識別する高分散分光器が設置されている。

アメリカ本土で製造された主鏡は1998年、船でハワイ島まで運ばれ、そこからトレーラーにのせてゆっくりとマウナケア山頂に輸送された。

すばる望遠鏡の主鏡はガラス材の表面にアルミニウムをメッキしている。写真はメッキ前の主鏡で、裏から支えて鏡のたわみを補正するアクチュエーターが見えている。

ジェイムズ・ウェッブ宇宙望遠鏡

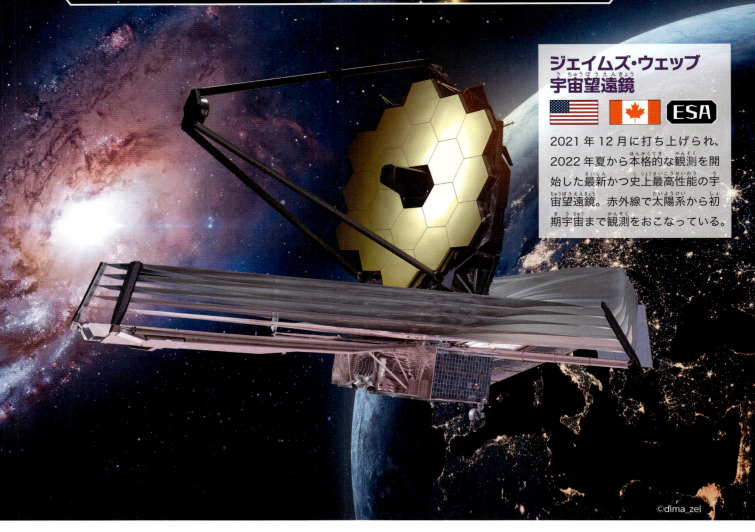

ジェイムズ・ウェッブ宇宙望遠鏡

🇺🇸 🇨🇦 ESA

2021年12月に打ち上げられ、2022年夏から本格的な観測を開始した最新かつ史上最高性能の宇宙望遠鏡。赤外線で太陽系から初期宇宙まで観測をおこなっている。

©dima_zel

史上最大の宇宙望遠鏡

　1990年に打ち上げられたハッブル宇宙望遠鏡（19ページ）の後継機として、1990年代なかばに計画がスタートしました。当初の打ち上げ予定は2007年でしたが、開発がおくれて延期がくり返されたため、2021年に打ち上げられました。主鏡は口径6.5mで、直径1.32mの六角形の鏡18枚で構成されています。NIRCam（近赤外線カメラ）やMIRI（中間赤外線装置）など4つの観測機器を搭載。地球から150万kmの宇宙空間に設置されて観測をおこなっています。

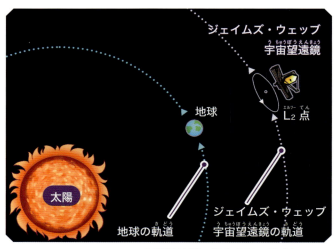

上はジェイムズ・ウェッブ宇宙望遠鏡の設置場所。L_2点とは、太陽と地球の引力がつりあう安定的な場所。この位置にあることで、燃料の消費を最小限におさえながら、軌道をたもつことができる。

宇宙をさぐる望遠鏡

宇宙誕生のようすをさぐる

　ジェイムズ・ウェッブ宇宙望遠鏡のおもな目的のひとつが、誕生まもない宇宙（宇宙初期）を探ることです。紫外線で明るくかがやいていた宇宙初期の天体からの光は、宇宙の膨張にともなって波長が長い方にずれ、現在では赤外線で観測されます。ジェイムズ・ウェッブ宇宙望遠鏡は赤外線観測機器を使うことで、宇宙初期のようすを感度よく観測することができるのです。

©NASA ESA CSA STScI

ジェイムズ・ウェッブ宇宙望遠鏡が撮影した、遠方銀河。ジェイムズ・ウェッブ宇宙望遠鏡は、これまでにないほど、遠方銀河を鮮明にとらえることに成功した。

望遠鏡のつくり

主鏡
大きさは6.5m。18枚の六角形の鏡を組み合わせている。

バックプレーン
主鏡を固定し、カメラや分光器を支えている。

副鏡
主鏡に反射された光がここから装置内へ入る。

遮光板（サンシールド）
望遠鏡を太陽の熱から守る。

観測機器など
NIRCam（近赤外線カメラ）やMIRI（中間赤外線装置）といった4つの観測機器などがおさめられている。

©Northrop Grumman

©DAVID HIGGINBOTHAM

ジェイムズ・ウェッブ宇宙望遠鏡の主鏡の一部。ベリリウム製の鏡材を金でコーティングしている。軽くじょうぶで極低温*でも変形しにくいことからベリリウムが採用された。

©Lockheed Martin

ジェイムズ・ウェッブ宇宙望遠鏡に搭載されているNIRCam（近赤外線カメラ）。NIRCamは0.6～5μmの波長の赤外線で宇宙のようすを鮮明に撮影する。

＊極低温……絶対零度（－273.15℃）に近い温度のこと。

さまざまな望遠鏡で宇宙を見る

多くの波長で宇宙をとらえる

現在の天文学では、可視光線や赤外線だけでなく、電波やX線、ガンマ線など、さまざまな波長の電磁波（12〜13ページ）で観測をおこなっています（多波長天文学とよばれる）。波長の長い電波では低温のガスなどを見られる一方、波長の短いX線やガンマ線では高温のガスや高エネルギー現象（星の爆発など）を見ることができます。同じ天体を観測しても、波長によってとらえられる物質や現象が異なるのです。そのため、宇宙にある天体や現象を総合的に理解するには、さまざまな波長で観測することが必要になります。日本も多くの望遠鏡で国際協力し活躍しています。

アルマ望遠鏡

南米チリのアタカマ砂漠に建設された電波望遠鏡群。ミリ波、サブミリ波とよばれる電波を観測できる。合計66台のアンテナで構成されている。複数のアンテナを組み合わせてひとつの巨大望遠鏡として機能させて観測をおこなう。

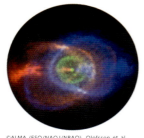

アルマ望遠鏡が撮影した、連星系（21ページ）HD 101584周囲のガスの広がり。中央の緑色の部分の中心に連星系がある。

©ALMA (ESO/NAOJ/NRAO), Olofsson et al. Acknowledgement: Robert Cumming

©ALMA (ESO/NAOJ/NRAO)

チェレンコフ望遠鏡アレイ

超高エネルギーのガンマ線を観測する次世代天文台。大西洋のカナリア諸島ラパルマ島と南米チリのパラナルに多数の望遠鏡を配置して観測をおこなう。宇宙線の起源などをさぐることがおもな目的だ。現在、望遠鏡の設置が進められており、右の画像は完成のイメージ図。

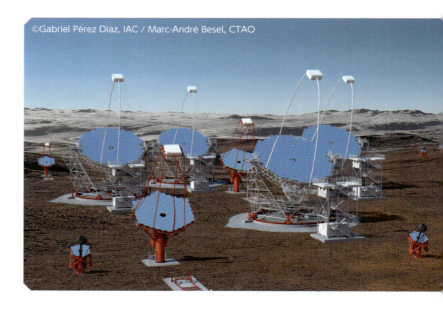

©Gabriel Pérez Diaz, IAC / Marc-André Besel, CTAO

チャンドラ 🇺🇸

1999年7月に打ち上げられて以来、今でも観測を続けているX線宇宙望遠鏡。宇宙の高温領域から放射されるX線を観測する。それまでのX線望遠鏡とくらべ宇宙のようすを非常に高精度で観測できる。

©NASA

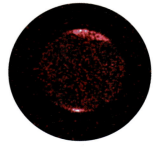

チャンドラがとらえた木星。北極と南極付近の濃い色の部分は、強力なX線を放出するX線オーロラ。
©NASA

XRISM

2023年9月に打ち上げられたX線天文衛星。X線を観測し、天体にふくまれる物質や温度、密度について、これまでにない精密さで測定する「超高分解能X線分光撮像器」を搭載。宇宙の構造形成と銀河団（36ページ）の進化のなぞなどにせまろうとしている。

©JAXA

超新星残骸* SN 1006 を、XRISMがX線で撮影した画像。
©JAXA/DSS

宇宙をさぐる望遠鏡

開発年表 望遠鏡編

- **1609年** ● ガリレオ・ガリレイが自作の望遠鏡で宇宙観測をはじめる
- **1672年** ● アイザック・ニュートンが反射式望遠鏡を実用化する
- **1968年** ● アメリカのOAO2号が打ち上げられ、宇宙望遠鏡として初めて観測成功
- **1990年** ● アメリカとヨーロッパのハッブル宇宙望遠鏡が打ち上げられ、観測開始
- **1998年** ● チリで超大型望遠鏡VLTが観測開始
- **1999年** ● 1月、日本の国立天文台のすばる望遠鏡が試験観測開始
  ● 7月、アメリカのX線宇宙望遠鏡チャンドラが打ち上げられる
- **2005年** ● 南アフリカの南アフリカ大型望遠鏡が試験観測開始
- **2011年** ● チリでアルマ望遠鏡が観測開始
- **2015年** ● チェレンコフ望遠鏡アレイが建設開始
- **2021年** ● アメリカ、カナダ、ESAのジェイムズ・ウェッブ宇宙望遠鏡が打ち上げられる
- **2023年** ● 日本のXRISMが打ち上げられる
- **2027年** ● アメリカのナンシー・グレース・ローマン宇宙望遠鏡が打ち上げ予定
- **2030年代はじめ** ● 巨大マゼラン望遠鏡が完成予定
- **2040年ごろ** ● アメリカのLUVOIRが打ち上げ予定

---

*超新星残骸……質量の大きな恒星が大規模な爆発（超新星爆発→22ページ）を起こした後に残る雲のような形の天体。

知ってる？ 電磁波ってなんだろう？

さまざまな波長をもつ電磁波

　ガンマ線やX線、紫外線、電波などは、すべて電磁波という、空間を伝わる波です。それぞれ異なる波長（ひとつの波の長さ）と性質をもつため、とらえるためには別々の観測技術が必要です。電磁波は、宇宙から地上へとふり注いでいます。

　しかし、すべてが地上へ届くわけではありません。可視光線と紫外線、そして、わずかな波長域の赤外線と一部の電波以外は地球の大気によって吸収されます。地上に届かない電磁波をとらえるには、宇宙から観測をおこなう必要があります。

ガンマ線	X線	紫外線
【特徴】 非常に大きなエネルギーの現象によって発生。中性子星（32ページ）やブラックホール（30ページ）などから観測されている。	【特徴】 数百万から1億℃の高温の領域から放出される。中性子星やブラックホール、銀河団（36ページ）周辺のプラズマから観測される。	【特徴】 X線より波長が長く、可視光線より短い電磁波。紫外線では、温度が高い星や太陽のコロナの観測がおこなわれる。

【ガンマ線で見た宇宙】

2010年にフェルミ・ガンマ線宇宙望遠鏡が撮影した、銀河系の「ガンマ線バブル」の画像をもとに合成されたイメージ図。中心の紫色の部分が、巨大な泡構造のガンマ線バブル。

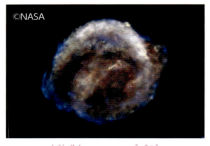

【X線で見た宇宙】

X線宇宙望遠鏡のチャンドラ（11ページ）が撮影した、超新星残骸（11ページ）。放射されているX線のうち、最も熱いガスが、赤色と緑色で見えている。

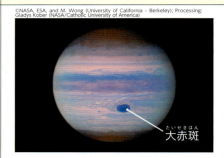

【紫外線で見た宇宙】

2023年に公開された、ハッブル宇宙望遠鏡（19ページ）が紫外線でとらえた木星のようす。大赤斑は、人間の目で感じる可視光線では赤く見えるが、紫外線で見ると、より暗い色に見える。

【ガンマ線をとらえた望遠鏡】
- フェルミ・ガンマ線宇宙望遠鏡
- スウィフト天文衛星
- チェレンコフ望遠鏡アレイ

など

【X線をとらえた望遠鏡】
- ぎんが　　●あすか
- チャンドラ　●すざく
- XRISM

など

【紫外線をとらえた望遠鏡】
- ハッブル宇宙望遠鏡
- GALEX　　●ひさき
- アストロサット

など

くらしに役立つ電磁波

私たちの生活にも、さまざまな波長の電磁波が役立っています。携帯電話やテレビなどの通信や放送には電波が使われています。電子レンジでは食材を温めるためにマイクロ波という電波を使います。X線は体内を見るために、またガンマ線は放射線治療で使われます。一部の暖房器具では赤外線が使われます。

放射線治療（X線、ガンマ線）

通信機器（電波）

レントゲン検査（X線）

電子レンジ（電波）

暖房器具（赤外線）

©いらすとや

可視光線	赤外線	電波
【特徴】 人の目で光として感じる電磁波。可視光線の中にもさまざまな波長があり、それぞれが人の目には異なった色として認識される。	【特徴】 波長の長さによって近赤外線、中赤外線、遠赤外線に分類される。可視光線より温度が低い天体を見るのに向いている。	【特徴】 地上では、放送・通信やレーダーなどに利用されている。宇宙空間の冷たいガスや、ちりを観測することができる。
 ©NAOJ/田中賢幸 【可視光線で見た宇宙】 すばる望遠鏡（6ページ）が撮影した銀河のようす。複数の銀河が重力をおよぼしあい、形をみだしあう、銀河の衝突のようすがうつっている。そのすがたが、まるでくらげのような形をしている。	 ©NASA, ESA, CSA, STScI, Michael Ressler (NASA-JPL) 【赤外線で見た宇宙】 ジェイムズ・ウェッブ宇宙望遠鏡（8ページ）が撮影した、銀河系の最も外側にある領域の画像。中央の明るい星団から放出された物質が宇宙ジェット*としてあちこちにのびている。	 ©Teresa Paneque-Carreño/ Bill Saxton, NRAO/AUI/NSF 【電波で見た宇宙】 アルマ望遠鏡（10ページ）が観測した、若い星 Elias 2-27 の原始惑星系円盤。中央の青色の部分がちりで、外側の黄色と赤色の部分がガスの分布をしめしている。
【可視光線をとらえた望遠鏡】 ●ハッブル宇宙望遠鏡 ●超大型望遠鏡 VLT ●ケプラー　●ガイア ●すばる望遠鏡　　　　など	【赤外線をとらえた望遠鏡】 ●あかり　●すばる望遠鏡 ●ハーシェル宇宙望遠鏡 ●ジェイムズ・ウェッブ宇宙望遠鏡　　　　　　　　　　など	【電波をとらえた望遠鏡】 ●野辺山 45m 電波望遠鏡 ●はるか　●アレシボ天文台 ●アルマ望遠鏡 　　　　　　　　　　など

＊宇宙ジェット……重力のある天体を中心として、重力によって引きよせられたガスなどが、一方向、または双方向にふき出ること。

地中からの宇宙観測

なぞの粒子・ニュートリノ

ニュートリノは自然界を構成する素粒子のひとつです。電気や磁気に反応せず、また非常に小さいため原子の中も素通りしてしまいます。宇宙に非常にたくさん存在しており、1秒間に数百兆のニュートリノが私たちの体を通りぬけています。太陽の内部や、超新星爆発（22ページ）で生じたニュートリノを調べることで、それらの天体についてさぐることができます。

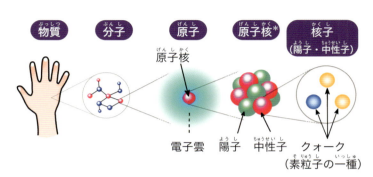

物質を分解していくと、クォークやニュートリノなど、それ以上分解できない、素粒子という一番小さな単位にたどり着く。

スーパーカミオカンデ

直径39.3m、高さ41.4mの円筒形のタンクに水を入れ、通過するニュートリノがまれに水と衝突したときに出るかすかな光を、光電子増倍管でとらえる。

IceCube

南極の氷に約2500mの深さのあなを86か所ほり、その中に合計5160個の検出器をケーブルでつり下げてニュートリノが氷と衝突したときの光をとらえる。

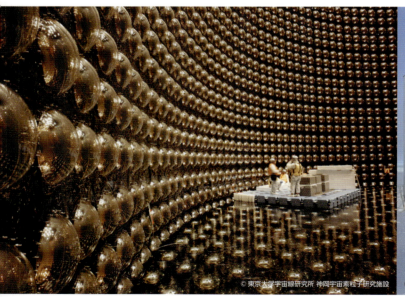
© 東京大学宇宙線研究所 神岡宇宙素粒子研究施設

©IceCube/NSF

スーパーカミオカンデの水槽に取りつけられている光電子増倍管。ごくまれに、ニュートリノが水などに衝突した際に出るチェレンコフ光という光を検出する。
© 東京大学宇宙線研究所 神岡宇宙素粒子研究施設

IceCubeで使用されている光検出器「DOM」。耐圧ガラスの中の光電子増倍管で、スーパーカミオカンデと同じように、チェレンコフ光という光を検出する。
©IceCube/NSF

*原子核……すべての物質は原子からできている。原子核は電子とともに原子を構成するもの。

時空のさざ波・重力波

質量がある物体のまわりの時空はゆがみます。重力波は、物体が動いたときに時空のゆがみが波となって、光の速度で伝わる現象です。1916年にアルバート・アインシュタイン（33ページ）が発表した一般相対性理論から予想されましたが、重力波は非常に微弱なため検出が難しく、2015年になってようやく検出されました。重力波の発生源は合体するブラックホール（30ページ）や超新星爆発などです。

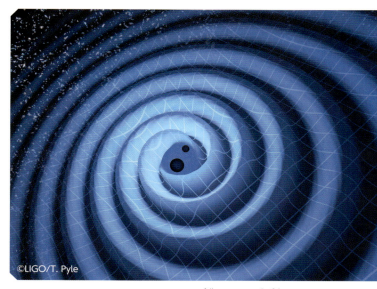

ふたつのブラックホールが、らせんを描くように接近しながら、でこぼことした「さざ波」のように重力波を出している想像図。

KAGRA

岐阜県飛騨市神岡町の神岡鉱山の地下トンネルに建設された重力波望遠鏡。2020年2月から観測を開始した。

LIGO

アメリカのワシントン州とルイジアナ州の2か所に設置されている重力波望遠鏡。2015年に、ブラックホールの合体による重力波を初めて検出した。

KAGRAは地下約200mのトンネル内に設置されている。地下に設置することで地面の振動による影響を減らし、また検出器の中でとくに大事な鏡をマイナス250℃まで冷やして、熱の影響をおさえている。鏡は人工サファイアを使ってつくられた。

恒星へ

夜空にかがやく星のほとんどは、自ら光を放つ恒星です。おもに水素が集まってできている恒星は、ガスとちりの雲の中で誕生して成長し、やがて死をむかえます。

©NASA & ESA, Jesús Maíz Apellániz (Centro de Astrobiología, CSIC-INTA, Spain)

ハッブル宇宙望遠鏡（19ページ）がとらえた、トランプラー14とよばれる星団。多くの恒星が集まっている。

光りかがやく恒星

遠くから届く恒星のかがやき

　光はどんな遠くからでもまたたくまに届くように見えます。しかし実際には光は秒速約30万kmという速度で伝わります。そのため、約1億5000万km離れたところにある太陽から地球に光が届くには約8分19秒かかります。つまり私たちが「いま」見ていると思っている太陽は、8分19秒前の太陽の姿なのです。太陽以外の恒星は、光でも何年、何百年、あるいはそれ以上もかかるほど遠くにあります。私たちが夜空に見ている星たちの光は、かなり昔のものなのです。

地球からみたオリオン座の距離

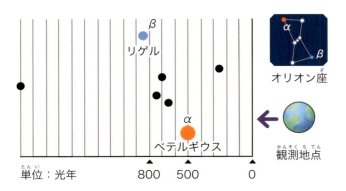

オリオン座をかたちづくっている星や星雲は、空にはりついているように見える。しかし実際には、さまざまな距離のところに存在している。

16

恒星の一生

恒星は星雲の中で誕生し、安定してかがやきつづける時期をへて、やがて光り続けることができなくなり、死をむかえます。恒星の寿命は質量によって変わります。死んだ星のかけらは、次の星をつくる材料になることもあります。

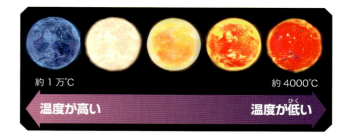

星の色は、星の表面温度によって変わります。温度の低い星は赤く、もう少し温度が高いと黄色くなります。さらに高温の星は青白く見えます。

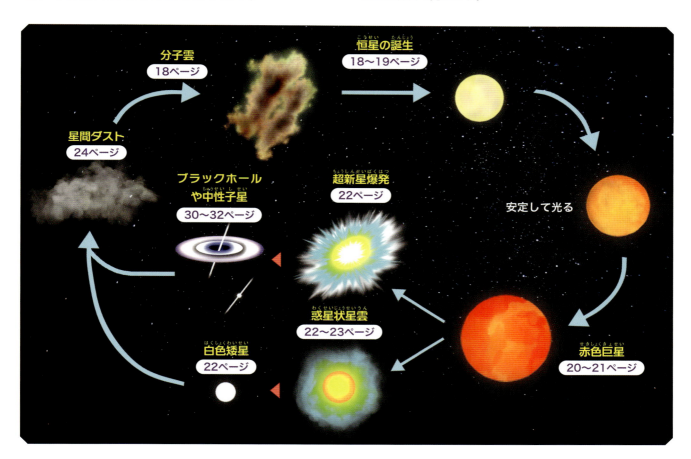

恒星の成分をときあかす

星からの光を色に分けて、どの色の光が明るいか暗いかなどを調べることを分光観測といい、それによって得られる色のパターンをスペクトルといいます。スペクトルを調べることで、星の温度やどんな物質がふくまれているのかなどがわかります。19世紀なかば以降、太陽や恒星のスペクトルが調べられるようになりました。そして20世紀前半の1925年には、恒星がおもに水素でできていることがわかりました。

セシリア・ペイン＝ガポーシュキン

1925年の博士論文で、恒星がおもに水素でできていることを明らかにした。1956年に、女性で初めてのハーバード大学天文学部教授となる。

©Smithsonian Institution/Science Service, restored by Adam Cuerden

星が生まれる場所

アルマ望遠鏡（10ページ）がとらえた、おうし座HL星（若い星）を取り巻くちりの円盤。この円盤の中で惑星が形成される。

原始星
オリオンKL電波源Iという、質量の大きな原始星の想像図。原始星の周囲をガスとちりの円盤が取り巻き、上下方向にふきだすガス（アウトフロー）が回転していることがアルマ望遠鏡の観測から明らかになった。

星間物質の中で誕生する恒星

　星と星の間の空間など、何もないように見える宇宙にも、実は水素ガスなどがただよっています。その水素ガスが集まっている分子雲とよばれるガス雲のなかで恒星は誕生します。分子雲の中でも特にガスが濃いところには、重力によって、まわりからガスが集まってきます。ガスがどんどん集まると自分の重力で収縮し、中心部の温度が高くなっていきます。このようにして、生まれた直後の星を原始星といいます。さらにガスが集まって中心部の温度が1000万℃になると核融合反応＊が始まり、安定した一人前の恒星になります。

星が生まれるまで

① 分子雲の中には、ガスの濃いところとうすいところがある。

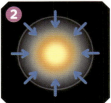

② ガスの濃いところに重力でまわりからガスが集まってくる（原始星の誕生）。

③ 自分の重力で縮んでいき、やがて中心で核融合反応が始まり光や熱を放つ（恒星の誕生）。

＊**核融合反応**……水素のような軽い原子核どうしがくっついて、ヘリウムなどのより重い原子核に変わること。

恒星へ

ただようガスは星のゆりかご

夜空には、美しくかがやく星雲があちらこちらにあります。ガスやちりでできているそれらの星雲は、みずからかがやいているわけではなく、近くの恒星からの光を反射したり、恒星からの紫外線を受けてガスが電離＊したりしてかがやいています。また、ガスやちりの濃いところは、背景の星雲の明るい光をさえぎって暗く見えることがあります。そのような星雲は「暗黒星雲」とよばれます。

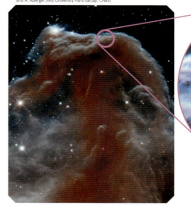

「馬頭星雲」とよばれる暗黒星雲をハッブル宇宙望遠鏡がとらえた画像（左）。右はジェイムズ・ウェッブ宇宙望遠鏡（8ページ）がとらえた、左の画像の円の部分の拡大画像。

生まれたての恒星

1か所に星が集まって見えるのを星団といい、数十〜数百個の星がまばらに集まった星団を散開星団といいます。多くの場合、星はひとつずつばらばらに生まれるのではなく、複数の星がいっしょに生まれます。星団は、そのようにいっしょに生まれた星たちの集団です。太陽も生まれたばかりのころは、散開星団の一員だったと考えられています。

ハッブル宇宙望遠鏡がとらえた、散開星団のひとつ、NGC 346。高温の若い恒星が強くかがやいている。

建造中のハッブル宇宙望遠鏡。

すばる望遠鏡の画像と（左）、ハッブル宇宙望遠鏡の画像（右）の比較。すばる望遠鏡の方が主鏡の口径は大きいが、大気のゆらぎの影響のないハッブル宇宙望遠鏡の方が、遠い銀河がくっきりと見えている。

ハッブル宇宙望遠鏡

1990年4月に打ち上げられた。約500km上空で地球を周回しながら、太陽系の天体から初期宇宙まで観測をおこなっている。主鏡の直径は2.4mで、地上の巨大望遠鏡と比べると小さいが、大気のない宇宙から観測することでくっきりとしたきれいな画像を撮影することができる。

＊電離……原子や分子が、電気をおびたイオンになること。

星の成長

恒星は、質量によってそれぞれ成長のしかたがことなります。さまざまな変化をくり返しながら成長していく恒星のすがたを見てみましょう。

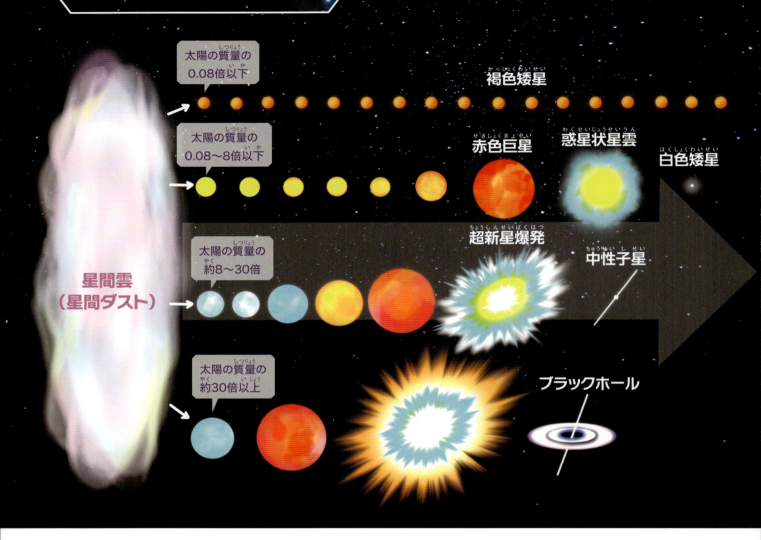

光る星のひみつ

恒星のおもな成分は水素ガスです。恒星の中心部では重力によって水素ガスがぎゅっとおしちぢめられて、高温・高圧になっています。そこでは、水素原子核4個がヘリウム原子核1個に変わる核融合反応が起きています。その反応の前後では、質量がほんの少しだけ軽くなります。その軽くなった分の質量が光や熱のエネルギーに変わることで、恒星はかがやきます。核融合反応によって生じる圧力と、ちぢもうとする重力がつりあって、恒星は安定してかがやくようになります。

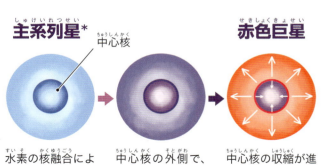

主系列星
中心核
水素の核融合により中心核が形成され、光や熱を放つ。

中心核の外側で、水素の核融合が始まる。

赤色巨星
中心核の収縮が進み、外側が膨張し、外部へと広がる。

温度が高い　→　温度が低い

*主系列星……中心核で水素がヘリウムに融合される核反応がおこっている段階の恒星のこと。

重なって見える恒星

　夜空を見たときに、複数の星が非常に近くにあるように見えるものがあります。そのような星を重星といいます。そのうち、実際に星どうしが近くにあって、たがいを回りあっているものは連星、たまたま同じ方向にあるだけで奥行き方向の距離がちがうものは「見かけの重星」とよばれます。

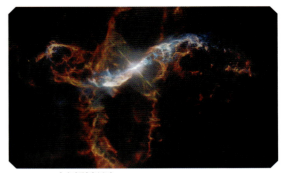

ハッブル宇宙望遠鏡（19ページ）がとらえた、みずがめ座R星。赤色巨星と白色矮星からなる共生星とよばれるタイプの連星だ。
©NASA, ESA, Matthias Stute, Margarita Karovska, Davide De Martin (ESA/Hubble), Mahdi Zamani (ESA/Hubble)

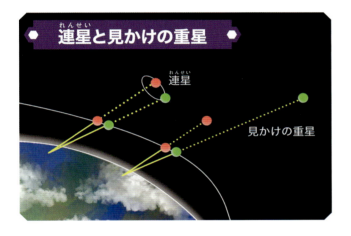

連星と見かけの重星

国立天文台の50センチ公開望遠鏡が撮影したはくちょう座の見かけの重星アルビレオ。

赤く老いてゆく星

　恒星の中心部にある水素が、すべて核融合反応でヘリウムに変わってしまうと、中心部での核融合反応が止まります。そしてヘリウムの中心核のまわりにある水素が核融合反応をするようになり、星が大きくふくらみます。そのようなふくらんだ星は赤色巨星とよばれます。将来、太陽が赤色巨星になるときには、地球の公転軌道付近までふくらむと考えられています。

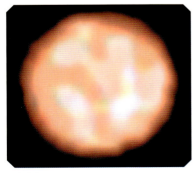

VLTI（超大型望遠鏡干渉計）でとらえられた、つる座π1星。質量は太陽の1.5倍程度だが、直径は350倍、明るさは数千倍もある。
©ESO

超大型望遠鏡VLT

ESO（ヨーロッパ南天天文台）の超大型望遠鏡VLT。4台のVLTと4台の可動式補助望遠鏡（AT）を組み合わせてより大きな仮想的な望遠鏡として機能させるVLTIとしても使われる。
©ESO/A. Ghizzi Panizza

星の最期

軽い星の最期

　太陽と同じ〜約8倍くらいの質量の星は、赤色巨星になった後、星の外側の層のガスがはなれていってまわりに広がります。その後、星の中心に残った星の芯から出る紫外線により、周囲に広がったガスが電離（19ページ）してかがやきます。そのようにしてかがやく星雲は惑星状星雲とよばれます。中心の星の芯はやがて白色矮星になり、冷えていくとガスのかがやきも見えなくなります。

ハッブル宇宙望遠鏡（19ページ）がとらえた惑星状星雲のひとつ、環状星雲（M57）。消えゆく星の最期をうつし出すすがた。中心に白色矮星がある。

重い星の最期

　太陽の約8倍以上の質量をもつ大きな星は、自分の重力によってつぶれ、その際に超新星爆発とよばれる大爆発を起こして一生を終えることもあります。超新星爆発を起こした恒星は、超新星残骸という星雲状の天体を残します。太陽の約8〜30倍の質量をもつ星は中性子星（32ページ）という非常に高密度の星に、それ以上の質量の星はブラックホール（30ページ）になるといわれています。

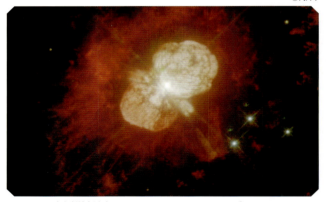

ハッブル宇宙望遠鏡がとらえた、りゅうこつ座イータ星。近い将来、超新星爆発を起こすと考えられている連星だ。

1987年に大マゼラン銀河で観測された超新星SN1987A（左）。右は爆発前の写真。
©David Malin

南アフリカ大型望遠鏡（SALT）

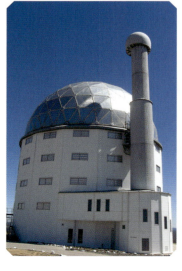

南アフリカにある南アフリカ大型望遠鏡（SALT）。ほかの大型望遠鏡が観測できない南半球の空を広範囲に観測できる。超新星爆発はランダムに発生するため、SALTの広い視野と、南半球の観測能力は特に有用である。

ハッブル宇宙望遠鏡がとらえた星の最期

惑星状星雲は、さまざまな形のものが知られています。
また、ガス中の物質の種類によって色が変わります。
ここでは、ハッブル宇宙望遠鏡がとらえたさまざまな
惑星状星雲や原始惑星状星雲を紹介しましょう。

恒星へ

M2-9（へびつかい座）
公開年：1997年　距離：約2100光年

NGC 6826（はくちょう座）
公開年：1997年
距離：約2200光年

MyCn18（はえ座）
公開年：1996年
距離：約8000光年

NGC 2440（とも座）
公開年：2007年
距離：約3600光年

PN Hb 12（カシオペヤ座）
公開年：2013年
距離：不明

NGC 6543（りゅう座）
公開年：2004年
距離：約3000光年

NGC 7009（みずがめ座）
公開年：1997年
距離：約2300光年

NGC 5307（ケンタウルス座）
公開年：2007年
距離：約7900光年

CRL 2688（はくちょう座）
公開年：1997年
距離：約3000光年

Mz 3（じょうぎ座）
公開年：2001年
距離：約8000光年

NGC 6302（さそり座）
公開年：2009年
距離：約3800光年

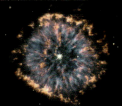

NGC 6751（わし座）
公開年：2000年
距離：約6500光年

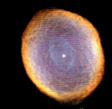

IC 418（うさぎ座）
公開年：2000年
距離：約2000光年

NGC 5189（はえ座）
公開年：2012年
距離：約1800光年

IC 4406（おおかみ座）
公開年：2002年
距離：約1900光年

NGC 6818（いて座）
公開年：2015年
距離：約6000光年

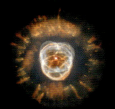

NGC 2392（ふたご座）
公開年：2000年
距離：約5000光年

死んだ星のゆくえ

星間ダストとなり、ふたたび宇宙へ

　超新星爆発などによって、星をつくっていたガスは宇宙空間へと広がっていきます。それらのガスの中には、恒星の中心部での核融合反応や、超新星爆発の際につくられた、酸素や炭素をはじめとした自然界に存在するさまざまな元素がふくまれています。ケイ素や炭素など一部のガスは、時間がたって冷えると、ちり（固体の微粒子）になって宇宙空間をただよいます。これらのちりは、星間ダストとよばれ、やがて地球のような岩石惑星のもとになるものもあります。

チャンドラがとらえたカシオペヤ座にある超新星残骸、カシオペヤ座 A。太陽系外の電波源としては最も電波強度が強い天体。この図は右の 5 枚の図を合わせたもの。

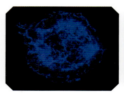
エネルギーが高い部分

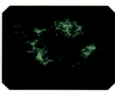
カルシウムの分布

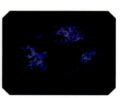
鉄の分布

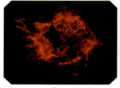
ケイ素の分布

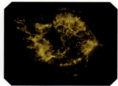
硫黄の分布

くり返される宇宙のいとなみ

　星が生まれてかがやき、やがて死をむかえるというサイクルは、宇宙が誕生して数億年後ごろからずっとくり返されてきました。ビッグバンの直後、宇宙には水素やヘリウムなどの軽い元素しか存在しませんでしたが、星の誕生と死がくり返されるうちに、重い元素もしだいにふえていきました。私たちの体や、地球をつくる元素も、そのような星の誕生と死のくり返しのすえにつくられたものなのです。

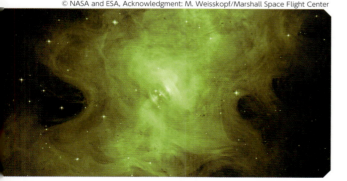

かに星雲の星間ダストのひろがり。

はくちょう座にある年老いた超新星残骸、はくちょう座ループの一部。

宇宙偉人伝 ①

15〜18世紀に天文学や宇宙科学の道を切りひらいた偉人たちを紹介します。

ニコラウス・コペルニクス
（1473〜1543年）

ポーランド出身。大学で法律や医学を学んだのち、司祭や医師として働きつつ天文学の研究をおこなった。

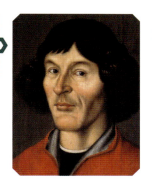

地球は動いている！？　科学界びっくりの地動説

宇宙の中心に地球があり、惑星や太陽などの星々がそのまわりを公転しているとする天動説が信じられていたなか、地球などの惑星は太陽のまわりを回っているとする地動説をとなえました。ただし地動説はすぐには受け入れられませんでした。

ガリレオ・ガリレイ
（1564〜1642年）

イタリアの数学者、天文学者。地動説を支持したことで1633年に宗教裁判で有罪となり、死ぬまで幽閉された。

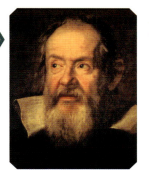

望遠鏡で夜空の秘密にせまる！

月や木星の衛星の観測のほかにも、太陽の黒点や金星の満ち欠けなど、数多くの発見をしました。土星の両脇に何かがついていることも発見。それはのちにリングであることがわかりました。落体の法則＊や振り子の研究などもおこないました。

ヨハネス・ケプラー
（1571〜1630年）

ドイツの天文学者。デンマークの天文学者ティコ・ブラーエが残したデータをもとにケプラーの法則をみちびき出した。

ケプラー、惑星の法則を発見！

惑星の動きに関する3つの「ケプラーの法則」をとなえました。惑星の軌道は完全な円だと考えられていましたが、ケプラーは惑星の公転軌道は太陽をひとつの焦点とする楕円だとしました。ケプラーの法則によって、惑星の動きを正確にしめすことができるようになりました。

アイザック・ニュートン
（1643〜1727年）

イギリス生まれで数学や物理学、天文学などで多くの業績を残した。太陽光がいくつもの光に分かれることも発見。

数学で宇宙を説明した大天才！

すべてのものが引力で引き合うという万有引力の法則や、運動の三法則をもとにニュートン力学を打ち立て、地上と宇宙で同じ法則がはたらいていることをしめしました。惑星の動きが計算できるようになり、のちの海王星の発見にもつながりました。

＊落体の法則……重いものも軽いものも、真空中では同じ速度で落ちるという法則。

銀河系へ

私たちの太陽は、銀河系（天の川銀河）にある恒星のひとつです。銀河系はどのようなすがたで、そこにはどんな天体が存在しているのでしょうか。

銀河系

スーパーコンピュータ「アテルイⅡ」のシミュレーションによってつくり出された銀河系のすがた。アテルイⅡは、日本の国立天文台が運用する世界トップクラスの天文学専用スーパーコンピュータ。

© 馬場淳一、中山弘敬、国立天文台4次元デジタル宇宙プロジェクト

銀河とは？

私たちの住む銀河系

銀河系には、中央部にバルジとよばれるふくらんだ部分があり、そのまわりを銀河円盤が取りまいています。銀河円盤には、星々などからなる渦状腕*とよばれる構造が渦を巻きながらのびています。このような構造の銀河は渦巻銀河とよばれます。銀河系は、バルジがやや細長い棒状構造をした棒渦巻銀河です。銀河系の直径は約10万光年で、太陽は銀河の中心から約2万6000光年はなれたところにあります。

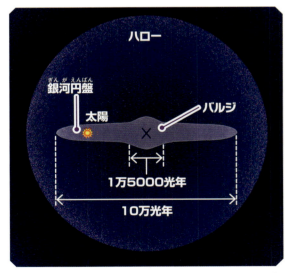

銀河系の構造。大部分の恒星や星間物質はバルジと銀河円盤に集まっている。ハローという部分には、恒星が丸く球状に密集した球状星団がちらばっている。

*渦状腕……渦巻銀河がもつ、渦状の構造のこと。星が渦巻き状に多く集まったようすが腕のように見えることから、渦巻腕ともいう。

銀河系の構造の発見

1785年、ウィリアム・ハーシェルは銀河系の断面図をつくりました。ハーシェルは、一定の面積の中に見える星の数が多いほど、遠くまで星が存在しているのではないかと考え、夜空の683の領域で星の数を調べました。その数をもとに、星々は、右の図のような、厚めの円盤状に広がりをもつと考えたのです。ただ当時はまだ銀河の存在は知られておらず、ハーシェルはそれを宇宙全体の形だと考えていました。

ウィリアム・ハーシェル
ドイツ生まれのイギリスの天文学者。天王星の発見者としても知られる。

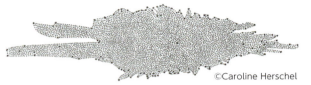
©Caroline Herschel

ハーシェルが作成した銀河系の断面図。ハーシェルは、銀河の中心付近に太陽があると考えた。

回転する銀河

いつも同じところにあるように見える夜空の星々（恒星）ですが、じつは太陽に対して動いています。オランダの天文学者ヤン・オールトは1927～1928年、太陽の近くにある恒星が動く速度のデータをもとに、銀河系が回転していることをつきとめました。オールトはのちに、中性水素＊を電波で観測し、銀河系が渦巻銀河であることも明らかにしました。

ヤン・オールト
銀河の形や動きの仕組みを調べた、オランダの天文学者。「オールトの雲」を提唱したことで知られている。
©Joop van Bilsen

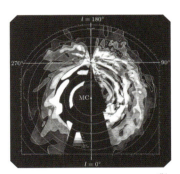

オールトたちが明らかにした銀河系のすがた。銀河系は渦巻銀河であり、渦を巻くように広がっていることがわかる。
©Oort, Westerhout, Kerr

さまざまな波長で見る銀河系

私たちが地上から見ている天の川は、可視光線（13ページ）でかがやく銀河系のすがたです。可視光線以外の波長で銀河系を見ると、自分の目で見るものとはことなるすがたが見えてきます。たとえば波長の長い赤外線では、銀河系の中にあるちりや低温の恒星などを観測することができます。一方、波長の短いX線やガンマ線などではブラックホールなどの天体をとらえることができます。天文学者は、自分が何を知りたいかによって観測する波長を使い分けます。

多波長でとらえた銀河系

X線
X-ray (Chandra)
©NASA, ESA, CXC, SSC, and STScI

宇宙望遠鏡チャンドラ（11ページ）がX線で撮影した銀河系の中心部。画像の中に見える白いかがやきは、中性子星やブラックホールだと考えられる。

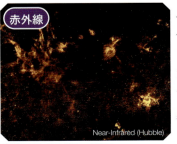
赤外線
Near-Infrared (Hubble)
©NASA, ESA, CXC, SSC, and STScI

ハッブル宇宙望遠鏡（19ページ）が赤外線の波長のひとつ、近赤外線で撮影した銀河系の中心部。赤外線では、可視光線を強く放つ星より温度が低い星を見ることができる。

＊中性水素……電離していない水素原子のこと。

銀河系の美しい天体

望遠鏡で銀河系を探検!

銀河系には恒星のほかにも、さまざまな星雲や星団が存在しています。星雲には、星の誕生や死と関係しているものも多くあります。一方、散開星団は若い星、球状星団はおもに老いた星からなります。ここでは、それらの天体の一部について、天の川の中での位置をしめし、ハッブル宇宙望遠鏡（19ページ）がとらえた画像を使って紹介します。
©ESA/Gaia/DPAC

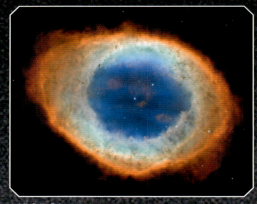

環状星雲（M57）

こと座の方向、約2000光年の距離にある惑星状星雲。あながあいたように見える中央部には、低密度のガスが存在している。星雲の中心に白色矮星（22ページ）が見えている。
©The Hubble Heritage Team (AURA/STScI/NASA)

毛虫星雲（IRAS 20324+4057）

はくちょう座の方向、約4500光年の距離にあるガスとちりのかたまり。中に存在する原始星を取り巻くガスとちりが、左へなびいているすがたは毛虫のよう。

©NASA, ESA, the Hubble Heritage Team (STScI/AURA), and IPHAS

ネックレス星雲（PN G054.2-03.4）

や座の方向、約1万5000光年の距離にある惑星状星雲。高密度のガスのかたまりが中央の星からの紫外線を受けてかがやき、ネックレスのように見えている。

©NASA, ESA, and the Hubble Heritage Team (STScI/AURA)

わし星雲（M16）

わし星雲は、へび座の方向、約6500光年の距離にある。画像は、その中心部にある「創造の柱」とよばれるガスとちりからなる柱状の星雲。
©NASA, ESA, and the Hubble Heritage Team (STScI/AURA)

銀河系へ

M80
さそり座の方向、約3万2600光年の距離にある。銀河系で最も密度の高い球状星団のひとつだ。球状星団には長い時間を生きている星が多い。

M4
さそり座の方向、約6000光年の距離にある、太陽系に最も近い球状星団だ。夜空ではさそり座の一等星、アンタレスの近くに見える。

NGC6530
いて座の方向、約4350光年の距離にある。干潟星雲（M8）の中にある生まれてまもない散開星団だ。後ろに見えるのは干潟星雲のガスとちりの雲。

アリ星雲（Mz 3）
じょうぎ座の方向、約8000光年の距離にある惑星状星雲。2方向にガスが放出され、アリの体のような形になっている。

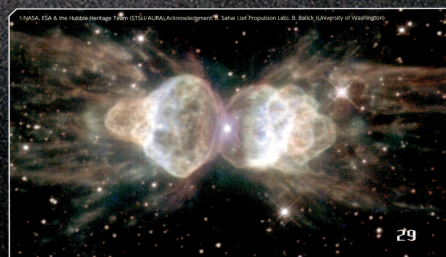

銀河系のブラックホール

ブラックホール

重い星の超新星爆発でできる天体、ブラックホール。重力がとても強く、自然界で最高速度をもつ光でさえ、近づきすぎるとぬけ出せなくなる。別の星と連星（21ページ）になっている場合、イラストのように伴星*からガスをすいこむことがある。

ブラックホールの最有力候補を発見

　ブラックホールはもともと、アインシュタインの一般相対性理論（33ページ）をもとに、1915年に理論的に考えられた天体です。その後、質量が大きな星の最期にブラックホールができる可能性があることが理論的にしめされましたが、長い間発見されていませんでした。1970年代になって、銀河系にあるX線で非常に明るくかがやく、はくちょう座X-1という天体が、ブラックホールであると考えられるようになりました。その後の観測から、はくちょう座X-1がブラックホールであることはほぼ確実になりました。

小田 稔

日本の宇宙物理学者。1971年、はくちょう座X-1からのX線の強度が短時間で変動していることから、ブラックホールである可能性を初めて指摘した。

宇宙望遠鏡チャンドラ（11ページ）がとらえた、はくちょう座X-1。伴星からガスを引きよせて飲みこむとき、ガスが摩擦によって非常に高温になって出てくるX線をとらえたもの。

*伴星……連星のなかで最も暗い星のこと。最も明るい星は主星という。連星のなかにブラックホールや中性子星があり、それらに着目する際は、もう片方の星を伴星とよぶこともある。

重力波からブラックホールのなぞにせまる

　2015年、重力波望遠鏡のLIGOによって、アインシュタインが予言した重力波が世界で初めて検出されました（15ページ）。LIGOの成功は、高感度なレーザー干渉計をもちいた精密な観測技術によるものでした。まわりが真っ暗でも、遠くの音が聞こえるように、重力波を使うと光（電磁波）では見えない天体現象の情報を得ることができます。重力波の検出は、そのような天体現象をさぐる道を開き、天文学の新時代の幕開けをつげるものになりました。

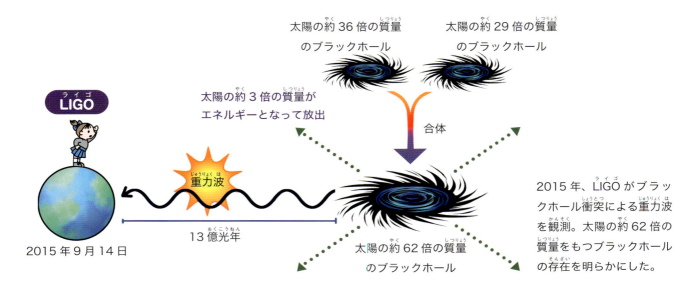

2015年、LIGOがブラックホール衝突による重力波を観測。太陽の約62倍の質量をもつブラックホールの存在を明らかにした。

史上初！ ブラックホールの影の撮影に成功

　ブラックホールのまわりに明るいガスがあると、ガスから発生する光がブラックホールに飲みこまれたり曲げられたりすることで、ブラックホールがかげのように暗く見えます。2017年、楕円銀河M87の中心にある超巨大ブラックホールのかげが、イベント・ホライズン・テレスコープにより世界で初めて撮影されました。

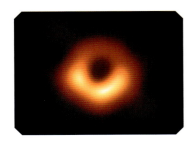

M87の中心にある超巨大ブラックホールの影。このブラックホールの質量は、太陽の65億倍もある。
©EHT Collaboration

イベント・ホライズン・テレスコープ

南米チリのアルマ望遠鏡（10ページ）をはじめ、世界各地にある8つの施設の電波望遠鏡をつなぎ合わせ、地球サイズの仮想的な望遠鏡をつくり、観測をおこなう。2022年には銀河系の中心にある超巨大ブラックホール「いて座A*」のかげをとらえた画像も公開された。

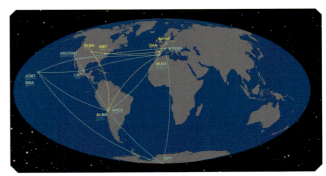

超巨大ブラックホールのかげは、APEX、アルマ望遠鏡、IRAM30m望遠鏡、ジェームズ・クラーク・マクスウェル望遠鏡、アルフォンソ・セラノ大型ミリ波望遠鏡、サブミリ波干渉計、サブミリ波望遠鏡、南極点望遠鏡が撮影。
©ESO/O. Furtak

銀河系のなぞにせまる

中性子星の発見

1967年、1.34秒と短く、かつ正確な周期で急激に変化する信号（パルス）を出す天体がとらえられました。パルサーと名づけられたその天体の正体は、のちに高速で自転する中性子星であることがわかりました。中性子星は、直径が24kmほどしかないにもかかわらず質量が太陽の1.4倍もある超高密度な天体です。まるで灯台の光のように、中性子星から出た強い電磁波のビームが地球に当たるときだけパルスとして観測されます。

ジョスリン・ベル・バーネル

イギリスの天体物理学者。1967年、大学院生だったときに宇宙からやってきたパルス信号を世界で初めて発見した。
©Science Photo Library/アフロ

超新星残骸の、かに星雲の中心部にあるパルサー。宇宙望遠鏡チャンドラのX線（青と白）、ハッブル宇宙望遠鏡の可視光線（紫）、スピッツァー宇宙望遠鏡の赤外線（ピンク）の画像を合成したもの。

中性子星どうしの合体

太陽の8倍以上の質量の星では、中心核での核融合反応によって最終的に鉄ができあがります。ただ、それ以上の重い元素は、恒星内部の核融合反応ではつくられず、超新星爆発（22ページ）や、キロノバとよばれる中性子星どうしの合体によって形成されると考えられています。金や銀などの貴金属や、ウランなどもそれらの現象でつくられました。

キロノバ

中性子星の合体によるキロノバの想像図。キロノバは中性子星どうし、または中性子星とブラックホールの合体で生じると考えられている。
©Tohoku University

銀河NGC 4993で発生したキロノバの光をハッブル宇宙望遠鏡がとらえた画像。左から右へ6日間で暗くなっていることがわかる。銀河系ではキロノバはまだ発見されていないが、同様の現象が起こると考えられている。
©NASA and ESA. Acknowledgment: A.J. Levan (U. Warwick), N.R. Tanvir (U. Leicester), and A. Fruchter and O. Fox (STScI)

宇宙偉人伝 2

20世紀になると、相対性理論の登場によって、人類の宇宙に対する見方が大きく変わりました。時空やブラックホールの理論研究に関するふたりの偉人を紹介します。

アルバート・アインシュタイン
（1879-1955年）

ドイツ生まれのアメリカの物理学者。特殊相対性理論を発表した1905年のころは、特許局の職員だった。20世紀最大の科学者ともいわれる。

くつ下がきらいだった！

アインシュタインは、くつ下はすぐにあながあくからむだだと考えており、くつ下なしでくつをはいていました。ユニークで自由な彼の考え方は、こんなこだわりからも見て取れます。

宇宙観をひっくりかえす

アインシュタインは1905年、時間や空間が観測者の立場によってのびちぢみするとする特殊相対性理論を発表しました。また、質量はエネルギーに変わることを表す「$E = mc^2$」という式をしめし、これによって星の中で起こる核融合反応が、大きなエネルギーを生むことが説明されました。1916年には一般相対性理論を発表し、重力の正体は空間のゆがみだと考えました。この理論から、宇宙が膨張したり、ブラックホールが存在すること、重力によって光が曲がる重力レンズ現象などがみちびき出されました。これらの理論は、私たちが宇宙を理解する上でとても重要な考え方となっています。

スティーブン・ホーキング
（1942-2018年）

イギリスの物理学者。21歳のとき難病のALS（筋萎縮性側索硬化症）を発症。その後、車いす生活となり「車いすの天才」ともよばれた。

親しみやすい科学の天才だった！

ホーキング博士は、『ザ・シンプソンズ』や『新スター・トレック』など、アニメやドラマにも登場しました。博士はユーモアにあふれる、とても親しみやすい人だったそうです。

ブラックホールのなぞを解明

1960年代、ホーキングはロジャー・ペンローズとともに、ブラックホールの中心や宇宙の始まりに特異点という、密度が無限大になる場所があると発表しました。1975年には「ホーキング放射」を提唱し、ブラックホールはすべてをすいこむだけでなく、周囲に小さな粒子を出し、やがて蒸発する可能性があると考えました。これらの研究では、アインシュタインの一般相対性理論と、ミクロの世界をあつかう量子力学を組み合わせています。著書『ホーキング、宇宙を語る』は、多くの人に宇宙のなぞをわかりやすく伝え、世界的なベストセラーとなりました。

銀河の外へ

宇宙には何千億個もの銀河が存在しています。多くの銀河は集団で存在し、あわのように広がっています。

アンドロメダ銀河
地球から約 250 万光年の距離にある巨大な渦巻銀河。アンドロメダ銀河が銀河系の外にある銀河だとわかったのは、いまから 100 年ほど前のこと。画像は、NASA の人工衛星 GALEX が紫外線で観測したもの。

©NASA/JPL-Caltech

広がる宇宙観

天文学の革命

　20 世紀の初めごろは、すでに見つかっていたアンドロメダ星雲などの渦巻星雲が、銀河系の中に存在するのか、あるいは外に存在するのかわかっていませんでした。アメリカの天文学者エドウィン・ハッブル（41 ページ）は、明るさの変化の周期などから距離を知ることができるセファイド変光星をアンドロメダ星雲で発見。観測を続けた結果、1924 年にアンドロメダ星雲が、銀河系の外にある銀河であることが明らかになりました。

観測中のエドウィン・ハッブル。ハッブルの発見により、銀河系が宇宙に存在する多くの銀河のひとつであることがわかった。
©Alamy/アフロ

アメリカ、ウィルソン山天文台の口径 2.5m フッカー望遠鏡。ハッブルがアンドロメダ銀河の観測をおこなった望遠鏡だ。
©Alamy/アフロ

銀河の多様性の発見

　銀河の形は大きく分けると、渦巻銀河と楕円銀河のふたつです。渦巻銀河は、バルジ（26ページ）が細長い棒渦巻銀河と、ふつうの渦巻銀河に分けられ、また渦状腕（26ページ）の巻き方によってさらに細かく分類されます。渦巻銀河と楕円銀河の中間の形態と考えられているレンズ状銀河もあります。形がはっきりしない銀河もあり、そのような銀河は不規則銀河とよばれています。

渦巻銀河
中央から腕がうずを巻くように外へのびる銀河。画像はジェイムズ・ウェッブ宇宙望遠鏡（8ページ）が撮影したNGC 4254。
©NASA, ESA, CSA, STScI, J. Lee (STScI), T. Williams (Oxford), PHANGS Team

楕円銀河
楕円体の銀河。楕円銀河にある星は古い星が多い。画像はハッブル宇宙望遠鏡が撮影したNGC 3610。
©ESA/Hubble & NASA, Acknowledgement: Judy Schmidt (Geckzilla)

棒渦巻銀河
渦巻銀河のうち、バルジに棒状の構造がある銀河。画像はハッブル宇宙望遠鏡（19ページ）が撮影したNGC 1300。銀河系もこの分類にあたる。
©NASA, ESA, and The Hubble Heritage Team (STScI/AURA)

レンズ状銀河
楕円銀河と渦巻銀河の中間の形の銀河。画像はハッブル宇宙望遠鏡が撮影したNGC 5866。
©NASA, ESA, and The Hubble Heritage Team (STScI/AURA)

銀河系と周辺

　銀河はひとつひとつがばらばらに存在しているわけではなく、それぞれの重力で引き合いながら複数の銀河がまとまって存在しています。銀河系もアンドロメダ銀河とともに、直径300万光年ほどの範囲に50個以上の銀河が集まっている局所銀河群とよばれる銀河の集団の一員です。局所銀河群の中ではアンドロメダ銀河と銀河系のふたつが大きく、ほかはやや小さめの銀河です。アンドロメダ銀河のまわりには楕円銀河M32やM110、渦巻銀河M33などが、銀河系のまわりには不規則銀河の大マゼラン銀河や小マゼラン銀河などが存在しています。

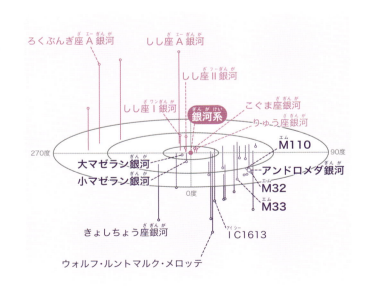

私たちの住む銀河系を中心に、近くにあるおもな銀河や天体をしめした図。銀河系より北にある銀河はピンク色、南にある銀河は紫色で表している。

銀河がひしめく宇宙

ステファンの五つ子

「五つ子」とよばれているが、左側に見えている銀河は奥行き方向の距離がことなる。ほかの4つの銀河はおたがいの重力で影響し合い、変形している。画像はジェイムズ・ウェッブ宇宙望遠鏡（8ページ）が赤外線で撮影。

©NASA, ESA, CSA, STScI

引き合う銀河

　宇宙には、銀河群や銀河団とよばれる銀河の集団が存在しています。だいたい100個より多い集団を銀河団、少ないものを銀河群とよびますが、はっきりとした区分けはありません。銀河群や銀河団の中でも、銀河が多く集まっているところでは、銀河どうしがたがいの重力で引きつけ合って衝突したり合体したりすることがあります。局所銀河群では、銀河系とアンドロメダ銀河は40億年後に衝突・合体し、最終的にひとつの楕円銀河になると考えられています。

アンテナ銀河

ハッブル宇宙望遠鏡（19ページ）が撮影したアンテナ銀河。アンテナ銀河は、NGC 4038とNGC 4039としても知られる。かつては、それぞれが渦巻銀河として存在していたが、衝突によって巨大な銀河になったと考えられている。

©ESA/Hubble & NASA

ダークマターの発見

　かみのけ座銀河団という、たくさんの銀河が集まる場所があります。1933年、天文学者フリッツ・ツビッキーは、この銀河団を観測して不思議なことに気づきました。銀河の明るさから計算した質量よりも、銀河の動きから計算した質量の方がずっと大きかったのです。見える星の重さだけでは、銀河を引きつけておく力が足りないとわかったツビッキーは、見えない「何か」があるはずだと考えました。この見えない物質は、今ではダークマターとよばれています。

フリッツ・ツビッキー
スイス国籍の天文学者。銀河や銀河団の研究のほか、超新星の研究でも知られている。
©ETH-Bibliothek

かみのけ座銀河団。地球から約3億2000万光年の距離にある。
©CTIO/NOIRLab/DOE/NSF/AURA
Image Processing: D. de Martin & M. Zamani (NSF NOIRLab)

ダークマターの存在を確認

　ダークマターは、どんな波長の電磁波でも見ることはできません。しかし、質量をもっており、まわりに重力をおよぼします。重力によって光が曲がる重力レンズとよばれる現象を利用すると、ダークマターのありかを知ることができます。2006年、かつてふたつの銀河団が衝突・合体してできた弾丸銀河団を調べたところ、X線で検出された高温ガスとは別の場所に、重力をおよぼす何か（ダークマター）が存在していることが重力レンズ現象の観測から明らかになりました。

衝突するふたつの銀河団。青い部分がダークマター。赤い部分は、宇宙望遠鏡チャンドラ（11ページ）が撮影した、衝突してX線を出すダークマター以外の物質。

銀河団のエネルギーを調べる

　1990年代、ハッブル宇宙望遠鏡やチャンドラにより、銀河団が衝突している証拠が見つかりました。その後、2005〜2015年の間に、日本をはじめとする国際共同研究グループが、すざくなどの天文衛星を使い、銀河団の中にあるガスの動きや衝突がどんな影響をあたえるかを調べました。その結果、銀河団のエネルギーのやり取りや、ダークマターがどこにあるのかをより明らかにすることができました。

すざく
2005年に打ち上げられた日本のX線天文衛星。世界最高レベルの感度を実現し、宇宙の構造形成に関することなどさまざまな成果をあげた。

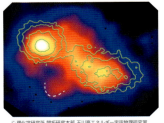

銀河団どうしが衝突する瞬間をとらえた画像。下側の白い破線は衝撃波の位置。緑の線はX線の強さを表す。
© 理化学研究所 開拓研究本部 玉川高エネルギー宇宙物理研究室

宇宙の果て

遠くを見るのは過去を見ること

宇宙は今から138億年前に誕生し、超高温・超高密度のビッグバン*から現在まで膨張してきたと考えられています。ビッグバン直後の宇宙にあった軽い元素のガスをもとに、やがて星や銀河が誕生しました。ただそのころのことはくわしく観測できていません。光の速度は秒速約30万kmと限界があるため、遠方を見ることは過去を見ることになります。宇宙の始まりのころのことを知るためには、より遠くの宇宙を見ることが必要です。

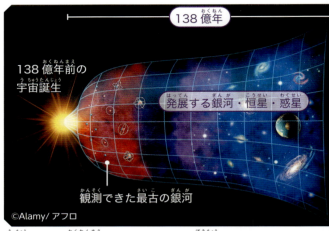

宇宙は138億年前のビッグバンから膨張しながら進化してきた。

宇宙の膨張をつかんだ女性研究者たち

19世紀終わりごろから20世紀初めごろ、ハーバード大学天文台では多くの女性が研究助手として働いていました。そんな女性たちのひとり、ヘンリエッタ・スワン・リービットは、明るい変光星*ほど変化の周期が長いことを発見しました。その後、その関係をもとに天体までの距離を求めることができるようになりました。ハッブルが発見した宇宙の膨張は、リービットの発見がもとになったのです。

ハーバード大学天文台で働いていた女性たちの写真。女性たちは「ハーバード・コンピューターズ」とよばれた。

観測史上、最古の銀河

これまで発見された中で最も古い銀河は、ビッグバンの約2億9000万年後の宇宙に存在していた銀河 JADES-GS-z14-0 です。この銀河は、太陽の数億倍の質量をもっていると考えられています。酸素が存在していることから、すでに星の誕生と死がくり返されていたとみられています。

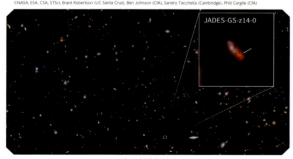

ジェイムズ・ウェッブ宇宙望遠鏡（8ページ）が近赤外線で撮影した最古の銀河 JADES-GS-z14-0（白わくの中）。画像撮影ののちに分光観測によって最古の銀河であることがわかった。

*ビッグバン……宇宙誕生直後に起きたとされる爆発的な膨張。英語で大爆発を意味する。
*変光星……恒星の中には、時間とともに明るさが変わるものがある。これを変光星とよぶ。

あわのようにひろがる宇宙

非常に大きなスケールで宇宙をみると、「あわ」がたくさん集まったような構造が見えてきます。あわの表面に銀河が存在し、あわの内部にはほとんど銀河が存在しません。そのような構造を、宇宙の大規模構造とよびます。あわの直径は1億光年ほどもあり、あわの中の空洞はボイドとよばれています。あわとあわがつながっている部分は銀河の数が多く、そういった場所が銀河団やさらに大きな超銀河団となっています。

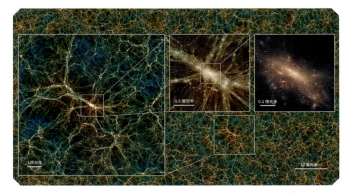

国立天文台のスーパーコンピュータ「アテルイⅡ」で作成された模擬宇宙。シミュレーションによりダークマターの分布をしめしたものだ。
© 石山智明（千葉大学）

太古の宇宙をうつす、宇宙マイクロ波背景放射

宇宙の大規模構造がどうしてできたのか。じつはビッグバン直後の宇宙に、その構造のもとが存在していました。ビッグバン直後の宇宙からは宇宙マイクロ波背景放射（CMB）とよばれる光が地球に届いています。その光を衛星でくわしく観測したところ、ごくわずかですが密度のむらがあることがわかりました。密度の高い部分は質量も大きく重力も強くなるので、さらに物質が集まります。そのような密度の差が、やがて宇宙の大規模構造になったと考えられているのです。

COBE

宇宙マイクロ波背景放射に密度のむらがあることを初めて発見したアメリカの衛星。1989年に打ち上げ。1993年に運用停止。

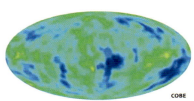

COBEがとらえた宇宙マイクロ波背景放射。CMBの温度の分布を少ない誤差で明らかにした。

WMAP

COBEよりさらに詳細に宇宙マイクロ波背景放射の密度のむらを調べたアメリカの衛星。2001年に打ち上げ。2010年に運用終了。

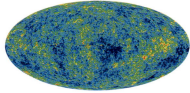

WMAPがとらえた宇宙マイクロ波背景放射。COBEに比べ、観測精度を大きく向上させた。

プランク ESA

より高い解像度と感度で宇宙マイクロ波背景放射を観測したヨーロッパの衛星。2009年に打ち上げ。2013年に運用を停止した。

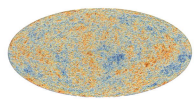

プランクがとらえた宇宙マイクロ波背景放射。WMAPよりもさらに高感度でCMBを観測した。

未来の望遠鏡

望遠鏡で見る宇宙の新時代！ 最新技術が切り開く未来

17世紀に望遠鏡が発明されて以来、望遠鏡の進歩とともに宇宙の解明が進んできました。いまなお残る宇宙のなぞにせまるため、第一線で活躍する望遠鏡の性能を上回る宇宙望遠鏡や、地上の超巨大望遠鏡が計画されています。

ナンシー・グレース・ローマン宇宙望遠鏡

直径2.4mの主鏡を搭載。広い領域で一度に多くの天体を観測できる。ダークエネルギー（宇宙を膨張させる未知のエネルギー）や太陽系外惑星に関する観測をおこなう。2027年までの打ち上げを目指してNASAが開発中。

LUVOIR

NASAが進める大型紫外可視近赤外線宇宙望遠鏡。岩石惑星の大気中に生命の痕跡などを探すことがおもな目的のひとつ。LUVOIR-Aは15m、LUVOIR-Bは8mの主鏡を搭載。2040年ごろの打ち上げが目標。

©NASA/GSFC

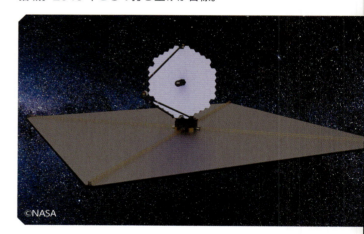
©NASA

巨大マゼラン望遠鏡

アメリカのハーバード大学などの大学や科学機関が、南米チリのアタカマ砂漠にあるラスカンパナス天文台に建設中。主鏡は8.4mの鏡を7枚組み合わせたもので有効口径は25.4m。2030年代初頭に完成予定。

TMT（30m望遠鏡）

アメリカ、カナダ、中国、インド、日本の5か国共同で建設計画を進めている口径30mの光学赤外線望遠鏡。492枚の六角形の鏡を組み合わせて一枚鏡のように機能させる。2033年度の完成をめざしている。

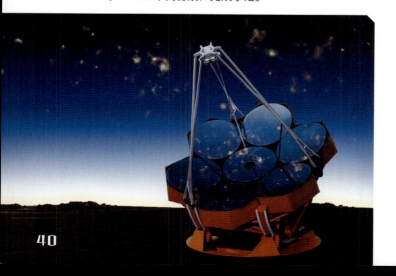

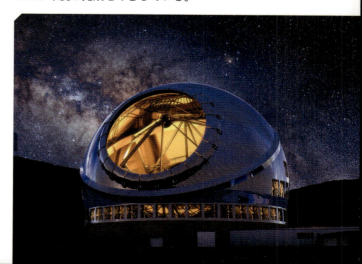

宇宙偉人伝 ③

20世紀に入ると宇宙が膨張していることが明らかになりました。それならば、もともとの宇宙は小さかったはず。そんな昔の宇宙のなぞも少しずつ明らかになってきました。

エドウィン・ハッブル（1889～1953年）

アメリカの天文学者。ウィルソン山天文台にあった当時世界最大の口径2.5mの望遠鏡で観測をおこなった。

©Johan Hagemeyer

宇宙の膨張を発見！ 遠くの銀河が語る未来

セファイド変光星を観測することで、アンドロメダ銀河が銀河系外にある天体であることを発見しました。また遠くにある銀河ほど、速い速度で遠ざかっていることを1929年に発見。これはハッブル・ルメートルの法則とよばれ、宇宙の膨張をしめす重要な法則です。

ジョージ・ガモフ（1904～1968年）

現在のウクライナ生まれのアメリカの理論物理学者。多くの科学啓蒙書を執筆したことでも知られている。

©GRANGER.COM/アフロ

火の玉から広がる宇宙のなぞ予測

宇宙は超高温・超高密度の火の玉のような状態（ビッグバン）から始まったとする理論を1948年に発表しました。ガモフは、超高温・超高密度の中で起きる反応によって、水素やヘリウムなどの元素が合成されたと考えました。

アーノ・ペンジアス（1933～2024年）とロバート・ウィルソン（1936年～）

アメリカのベル研究所に勤務していた技術者。超高感度アンテナの試験中に宇宙マイクロ波背景放射を発見。

©TopFoto/アフロ

ビッグバンの証明！ 宇宙の電波が語ること

ビッグバン理論では、ビッグバンの名残の電波が宇宙を満たしていると予言されていました。1964年、ペンジアスとウィルソンは、その電波である宇宙マイクロ波背景放射（CMB）をぐうぜん発見。これはビッグバンがあった証拠のひとつとなっています。

佐藤勝彦（1945年～）

日本の宇宙物理学者。大学院時代は超新星や相転移*に関する研究をおこなう。そのときの研究が、後のインフレーション理論につながった。

宇宙が膨らんだ瞬間！ インフレーション理論

誕生直後の宇宙が急激に膨張したとするインフレーション理論を1981年に提唱。この理論は、急膨張の後で真空のエネルギーが熱エネルギーに変わり、ビッグバンが起きたとするもので、ビッグバン理論だけでは説明できない問題点をいくつも解決しました。

＊相転移……同じ物質でも、その物の置かれた温度や圧力によって、物の性質が変わること。

おしえて！インタビュー

南極点に「IceCube」という施設をつくり、宇宙にたくさん存在する素粒子、ニュートリノのなぞにせまっている石原安野さん。石原さんがどうやって宇宙を観測し、どのようななぞを解こうとしているのかうかがいました。

石原安野さん

1974年静岡県生まれ。千葉大学ハドロン宇宙国際研究センター教授。2005年より南極点のニュートリノ観測実験「IceCube」に参加。2012年、世界で初めて「高エネルギー宇宙ニュートリノ事象」を同定することに成功した。

見たことがないものを見たい

Q 小さなときはどんな子どもでしたか？

石原さん　本を読むのがすきな子どもでした。特にすきだったのは『十五少年漂流記』『ロビンソン・クルーソー』など主人公が冒険に行く物語でしたね。遠くへ行きたい、だれも見たことないものを見てみたい、という気持ちがあって、それが宇宙へのあこがれへとつながっていったのかもしれません。ほかにも『コロボックル物語』がすきでした。主人公は小学校4年生のときに見つけた小人のことを大人になって思い出して、小人が住む山を買い取って守ろうとするんです。そんな子どものころの思いを大人になってももち続けることに共感しました。

Q 宇宙に興味をもったきっかけは何ですか？

石原さん　高校1年生のときです。物理を学んでいたときに、ニュートンの法則や、ケプラーの法則について知りました。そこで、地球上でリンゴが落ちることと、宇宙空間で衛星や惑星が楕円軌道を取ることが、同じ法則で説明できるのだということを学びました。

　地球上のことと、宇宙で起きていることが同じ式や法則で表すことができるということに、とてもおどろきました。そうしたら、それまで遠い世界のことのように感じられて「本当に研究することができるのかな？」と思っていた宇宙のことに、興味が出てきました。身近なところにある現象について学ぶことが、宇宙のなぞを解くことにつながるのだと気づいたんです。

南極点のアムンゼン・スコット基地にある、IceCubeの建設時の写真。分厚い氷の奥深くまで、あなが続いている。

極点にあるアメリカのアムンゼン・スコット基地に、ニュートリノを観測する施設「IceCube（14ページ）」をつくるプロジェクトが始まりました。
　ニュートリノは宇宙にたくさんある素粒子で、とても軽くて、何でも通りぬけるという特徴をもっています。IceCubeはアメリカのウィスコンシン大学を中心とする国際的なプロジェクトです。このプロジェクトに、私は2005年から参加することになりました。そこで私はニュートリノを観測することで、宇宙のなぞにせまっていこうと思ったのです。

IceCubeプロジェクトに参加

Q 宇宙の研究者になったきっかけは何ですか？

石原さん　大学の博士課程までは、物理学で、素粒子（物質を構成するもっとも小さい単位）の研究をしていました。たとえば宇宙には、中性子星という、中心の密度が1cm³で約1兆kgという高密度の天体があります。そういう密度になったときに、物質はどういう状態になるのかというようなことを研究していたんです。加速器という装置をつくり、粒子同士をぶつけて非常に高い密度の状態を再現する実験などをしていました。
　そうして博士課程まで研究を続けたときに、もっと直接的に宇宙を観測して研究をしてみたいと思うようになりました。ちょうどそのころ、南

Q なぜIceCubeは南極点につくられることになったのですが？

石原さん　ニュートリノは宇宙から飛んできて、何でも通りぬけてしまいます。それは、ほかの物質にはほとんど反応しないということなので、観測するのがとてもむずかしいのです。しかし、低い確率ですが、分子と反応して、そのときに「チェレンコフ光」という光を放射するんです。その光を検出器でとらえることができれば、ニュートリノを観測することができます。
　それを可能にするためには、水や氷といった透明の物質が大量に必要となります。南極点には厚さが約3000mにせまる氷があります。この氷を利用することにしたのが、IceCubeという施設です。深さが1.5～2.5kmのところまで、あなを86個ほって光検出器を5160個うめました。

43

光検出器 D-Egg を開発

Q　光検出器とは、どのようなものなのでしょうか？

石原さん　私たちは「D-Egg」という新しい検出器を開発しました。約300台を南極に設置する予定です。

　南極の観測施設をつくる上で、いちばんお金がかかるのが氷にあなをほる作業です。氷のあなの面積が大きくなるほど、かかる費用がふえていきます。そのため、いかにあなを小さくほって、感度が高い検出器をそこにおさめるかが重要なのです。今までは、丸い玉のような形の検出器を使っていたのですが、それだとどうしても大きなあなが必要になります。そこで、細長いたまごのような形に改良しました。中には、光を検出できる確率を高めるために、光をとらえる電子増倍管を上下にふたつ入れています。

　D-Eggは今までの検出器より、20％小さいあなにおさまるようになり、検出する能力は2.8倍となりました。これにより、今までより多くのチェレンコフ光が観測できるようになりました。

© 千葉大 ICEHAP／木下真一郎

IceCube に新たに設置された D-Egg のイメージ図。

Q　D-Egg の開発にはどのような苦労がありましたか？

石原さん　D-Eggは、南極点で最大で2600mぐらいの深さのところにうめます。氷はとけて、またこおりつくときに密度が変わり、あなの圧力が上がることがあります。そのときの圧力は、深海7000mと同じくらいになる場合もあります。それでもD-Eggがこわれないように、じょうぶにつくらなければいけませんでした。また、南極点はとても寒いので、同じような気温のなかでこわれないかどうかも確認する必要がありました。それを調べるために、マイナス60℃まで冷やせる冷凍庫を使って、室温からマイナス45℃まで温度を下げるというテストを20日間、何度もくり返し、強度を確認しました。南極点では、設備を設置したり、取り外したりする作業が困難をきわめるため、一度検出器を氷の中にうめたら二度と取り出すことができません。つまり、検出器がこわれても直すことはできません。そのため、絶対にこわれないものをつくらなければいけないんです。

　南極点では、今後は「IceCube-Gen2」という新しい実験装置の製造を2028年ごろから開始する予定です。IceCube-Gen2ではD-Eggのデザインをもとに、さらに高精度化した新しい光検出器を使う予定です。

宇宙のなぞを解き明かす

Q　どうしてニュートリノについて調べているのでしょうか？

石原さん　宇宙は透明に見えますが、実際には目に見えない光がたくさんあり、それがエネルギーの高い光が進むのをじゃまします。つまり、どんなに高性能な望遠鏡をつくっても、見えない部分がたくさんあるわけです。そのなかで、遠い宇宙

好奇心をどんどん
ふくらませて、
大人になるまで大切に
もち続けよう!

からニュートリノが地球へとふりそそいでいます。光と同じように、天体の中でつくられていると考えられていますが、その正体はまだわかっていません。私たちは、このような遠い宇宙からやって来るニュートリノが、どこから来たのか、どうやって発生しているのかを調べています。こうしてニュートリノを観測することが、目に見えない宇宙がどのようにできているのか、そのなぞを解き明かすことにつながると考えているのです。

2017年には、約38億光年はなれた「ブレーザー」とよばれる活動銀河＊から、ニュートリノが来ているのを発見し、発生源の解明に一歩近づきました。

＊活動銀河……星や宇宙塵、星間ガスなど、通常、銀河を構成するのと別の所から、多くのエネルギーが放出される特殊な銀河。

好奇心を大切に

Q どうやったら、宇宙の研究者になれるでしょうか？

石原さん 私がいちばん大切だと思うのは、好奇心を育てるということです。宇宙のことで面白いな、不思議だなと思うことがあれば、図書館でいろいろな本を読み、想像をふくらませてみるといいですね。そうするうち、宇宙のどんなところが自分の心をわくわくさせているのか、気づいていくのではないかと思います。

宇宙に関することに限らず、みなさんには、好奇心をどんどんふくらませて、それを大人になるまで大切にもち続けてほしいと思います。

このインタビューは、2024年12月時点での情報をもとに構成しています。

さくいん

ここでは、この本に出てくる重要な用語を五十音順にならべて、その内容が出ているページをのせています。

あ

- アーノ・ペンジアス ……………… 41
- アイザック・ニュートン ……………… 25
- IceCube ……………… 14、42、43、44
- アテルイⅡ ……………… 26、39
- アリ星雲（Mz 3）……………… 23、29
- アルバート・アインシュタイン（アインシュタイン）
  ……………… 15、30、31、33
- アルマ望遠鏡 ……………… 10、13、18、31
- アンドロメダ銀河 ……………… 34、35、36、41
- 一般相対性理論 ……………… 15、30、33
- イベント・ホライズン・テレスコープ …… 31
- ウィリアム・ハーシェル ……………… 27
- 渦巻銀河 ……………… 7、26、27、34、35、36
- 宇宙の大規模構造 ……………… 39
- 宇宙の膨張 ……………… 9、38、41
- 宇宙マイクロ波背景放射 ……………… 39、41
- X線
  ……………… 5、10、11、12、13、27、30、32、37
- エドウィン・ハッブル ……………… 34、41
- 小田 稔 ……………… 30

か

- カール・ジャンスキー ……………… 5
- KAGRA ……………… 15
- 可視光線（可視光）
  ……………… 5、6、7、10、12、13、27、32
- 褐色矮星 ……………… 20
- ガリレオ・ガリレイ ……………… 4、25
- 環状星雲 ……………… 22、28
- ガンマ線 ……………… 10、12、13、27
- 局所銀河群 ……………… 35、36
- 巨大マゼラン望遠鏡 ……………… 40
- キロノバ ……………… 32
- 銀河群 ……………… 36
- 銀河系
  ……………… 7、12、13、26、27、28、29、30、31、32、34、35、36
- 銀河団 ……………… 11、12、36、37、39
- 屈折式望遠鏡 ……………… 4、5
- XRISM ……………… 11、12
- 毛虫星雲 ……………… 28
- 原始星 ……………… 18、28
- 恒星
  ……………… 16、17、18、19、20、21、22、24、26、27、28、32、38
- COBE ……………… 39

さ

- 佐藤勝彦 ……………… 41
- 散開星団 ……………… 19、28、29
- JADES-GS-z14-0 ……………… 38
- ジェイムズ・ウェッブ宇宙望遠鏡
  ……………… 8、9、13、19、35、36、38
- 紫外線 ……………… 9、12、19、22、28、34
- 重星 ……………… 21
- 主系列星 ……………… 20
- ジョージ・ガモフ ……………… 41
- ジョスリン・ベル・バーネル ……………… 32
- スーパーカミオカンデ ……………… 14

すざく ……………………………… 12、37
スティーブン・ホーキング ……………… 33
ステファンの五つ子 ………………… 36
すばる望遠鏡 ……………… 6、7、13、19
星間ダスト ………………… 17、20、24
赤外線
　…… 5、6、7、8、9、10、12、13、
　　　　　　　　　　27、32、36
赤色巨星 …………… 17、20、21、22
セシリア・ペイン＝ガポーシュキン …… 17

た

ダークマター ………………… 37、39
楕円銀河 ……………………… 31、35、36
WMAP ………………………………… 39
チェレンコフ望遠鏡アレイ ………… 10、12
チャンドラ
　……… 11、12、24、27、30、32、37
中性子星
　……………… 12、17、20、22、27、
　　　　　　　　　　30、32、43
超大型望遠鏡 VLT ……………… 13、21
超新星残骸 …………11、12、22、24、32
超新星爆発
　……………… 11、14、15、17、20、22、
　　　　　　　　　　24、30、32
TMT（30m 望遠鏡）……………… 40
電磁波 ……… 10、12、13、31、32、37
電波 …… 5、10、12、13、24、27、41
特殊相対性理論 …………………… 33

な

ナンシー・グレース・ローマン宇宙望遠鏡 … 40
ニコラウス・コペルニクス ……………… 25

ニュートリノ ……… 14、42、43、44、45
ネックレス星雲 …………………… 28

は

白色矮星 …………… 17、20、21、22、28
はくちょう座 X-1 ………………… 30
ハッブル宇宙望遠鏡
　……… 8、12、13、16、19、21、22、
　　　23、27、28、29、32、35、36、37
パルサー ……………………………… 32
バルジ …………………………… 26、35
反射式望遠鏡 ………………………… 4、5
ビッグバン ………… 24、38、39、41
フラウン・ホーファー ……………… 5
ブラックホール
　……… 12、15、17、20、22、27、30、
　　　　　　　　　　31、32、33
プランク ……………………………… 39
フリッツ・ツビッキー ……………… 37
ヘンリエッタ・スワン・リービット …… 38
棒渦巻銀河 ……………………… 26、35

や

ヤン・オールト ……………………… 27
ヨハネス・ケプラー ………………… 25

ら・わ

LIGO ………………………… 15、31
リカルド・ジャッコーニ ……………… 5
LUVOIR ……………………………… 40
レンズ状銀河 ……………………… 35
連星 …………………… 10、21、22、30
ロバート・ウィルソン ……………… 41
惑星状星雲 …… 17、20、22、23、28、29
わし星雲 …………………………… 28

監修 馬場 彩（ばんば あや）

滋賀県生まれ。京都大学にて博士（理学）取得後、理化学研究所、宇宙科学研究所、ダブリン高等研究所、青山学院大学をへて、2016年より東京大学大学院理学系研究科准教授。XRISM衛星をはじめ、宇宙X線望遠鏡の開発と、星の最期の爆発の残骸「超新星残骸」の研究を続けている。超新星残骸はひとつの世界の終わりの美しい景色であるとともに、次の世代の星や生命の源でもある。

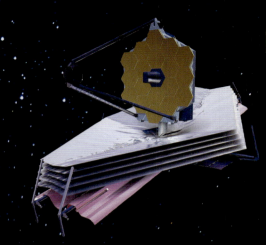

執筆	岡本典明
装丁・本文デザイン	倉科明敏（T.デザイン室）
本文イラスト	はやみかな （5ページ、14ページ、16〜18ページ、20〜21ページ、26ページ、31ページ、36ページ、見返し）
校正	鷗来堂
編集・制作	笠原桃華、中根会美、常松心平（303BOOKS）

［協力］

iStock ／アフロ／ Alamy ／ ALMA ／アングロオーストラリア天文台／ ESA ／ ESO ／
KAGRA 大型低温重力波望遠鏡／国立天文台／ JAXA ／千葉大学／千葉大学ハドロン宇宙国際研究センター／
東京大学宇宙線研究所／東北大学／ NASA ／ PIXTA ／ LIGO ／理化学研究所

宇宙開発プロジェクト大図鑑
③銀河系とその先へ

発　　　行	2025年4月　第1刷
監　　　修	馬場 彩
発　行　者	加藤裕樹
編　　　集	岩根佑吾、堀創志郎
発　行　所	株式会社ポプラ社 〒141-8210　東京都品川区西五反田3-5-8 JR目黒MARCビル12階 ホームページ www.poplar.co.jp（ポプラ社） kodomottolab.poplar.co.jp（こどもっとラボ）
印刷・製本	TOPPANクロレ株式会社

Printed in Japan
ISBN978-4-591-18476-9/ N.D.C. 442 / 47P / 29cm
©POPLAR Publishing Co.,Ltd. 2025

落丁・乱丁本はお取り替えいたします。
ホームページ（www.poplar.co.jp）のお問い合わせ一覧よりご連絡ください。

本書のコピー、スキャン、デジタル化等の無断複製は著作権法上での例外を除き禁じられています。本書を代行業者等の第三者に依頼してスキャンやデジタル化することは、たとえ個人や家庭内での利用であっても著作権法上認められておりません。

P7262003